Angelika Kipp

Ganz grosse Hühner

Fenster- und Wandbilder aus Tonkarton

frechverlag

Von der bekannten Autorin Angelika Kipp sind im frechverlag zahlreiche andere Titel erschienen. Hier eine Auswahl:

TOPP 2147

TOPP 2148

TOPP 1879

TOPP 1886

TOPP 1962

TOPP 2133

Zeichnungen: Berthold Kipp

Fotos: frechverlag GmbH + Co. Druck KG, 70499 Stuttgart; Fotostudio Ullrich & Co. Renningen

Auflage: 7. 6. 5. 4. | Letzte Zahlen
Jahr: 2001 2000 1999 98 97 | maßgebend

frechverlag GmbH + Co. Druck KG, 70499 Stuttgart

ISBN 3-7724-2146-6 · Best.-Nr. 2146

Druck: frechverlag GmbH + Co. Druck KG, 70499 Stuttgart

Eines ist klar – wenn man Ostern so richtig gross feiern möchte, dann braucht man auf jeden Fall auch grosse Hühner! Und hier sind sie!

Sie räkeln sich auf der Hühnerstange und strecken ihr Bäuchlein in die Frühlingssonne, sie transportieren die bunten Ostereier, und natürlich kümmern sie sich auch rührend um den Nachwuchs, so dass die Verleihung des Eierordens nicht mehr lange auf sich warten lässt.

Und nachdem die Eier ja schliesslich mit dem grösstmöglichen Maß an künstlerischen Fähigkeiten bemalt wurden, wird auch das blumige Dankeschön des Osterhasen gerne angenommen.

Sie sehen – bei diesen bis zu 40 cm grossen Motiven kommt die gute Laune an Ihrem Fenster nicht zu kurz! Damit die grossen Hühner nicht allein sind, gibt's hier übrigens auch ein paar grosse Hähne dazu. Das ist halt eine grosse Sache ...!

Viel Spass!

Ihre Angelika Kipp

Arbeitsmaterial

- Tonkarton (in verschiedenen Farben)
- Transparentpapier
- Dünne Pappe
- Schneideunterlage
- Schere
- Bastelmesser
- Klebstoff
- Schwarzer Filzstift
- Nähnadel
- Faden zum Aufhängen
- Bleistift
- Anspitzer
- Lineal
- Weicher Radiergummi
- Evtl. Kreisschablone
- Klebeband

Tips und Tricks beim Basteln

Gestaltung des Motivs von der Vorder- und Rückseite

Ein frei hängendes Fensterbild sollte sowohl von der Vorder- als auch von der Rückseite gearbeitet werden; hierzu benötigen Sie die meisten Teile in doppelter Ausführung.

Die Teile werden nur spiegelverkehrt, aber in der gleichen Reihenfolge wie auf der Vorderseite angeordnet.

Deckungsgleiches Kleben und Aufmalen

Die Rückseite sollte absolut deckungsgleich geklebt und bemalt werden, da weißer Tonkarton durchscheint. Stellen Sie dazu die Vorderseite des Motivs komplett zusammen, dann drücken Sie die Bastelarbeit bei Tageslicht mit der bereits fertigen Seite gegen eine Fensterscheibe. So scheinen alle Kanten und Linien durch – die Teile werden auf der Rückseite deckungsgleich aufgeklebt bzw. bemalt.

Aufhängung

Es gibt verschiedene Möglichkeiten, ein Fensterbild aufzuhängen. Sie können sich zwischen dem altbewährten Faden oder einem Klebeband entscheiden. Wenn Sie mit einem Faden arbeiten wollen, balancieren Sie das Motiv zwischen Daumen und Zeigefinger aus, bis Sie die richtige Stelle gefunden haben. Mit einer Nadel stechen Sie dann einige Millimeter vom Rand entfernt in den Tonkarton und ziehen nun den Faden durch. Je größer das Motiv ist, um so eher sollten Sie mit zwei Fäden arbeiten.

1. Legen Sie Transparentpapier auf das Motiv auf dem Vorlagenbogen, und übertragen Sie mit einem Bleistift alle benötigten Einzelteile ohne Überschneidungen.

2. Kleben Sie das Transparentpapier mit den Zeichnungen auf eine dünne Pappe, und schneiden Sie die Einzelteile sauber heraus. Fertig sind die Schablonen! Mit Hilfe dieser Schablonen arbeiten Sie die benötigten Einzelteile, indem Sie sie einfach auf Tonkarton der gewünschten Farbe legen, mit einem Bleistift umfahren und dann die einzelnen Teile ausschneiden.

3. Für die Gesichter und die Innenlinien benötigen Sie einen schwarzen Filzstift. Fügen Sie die Einzelteile zum Motiv zusammen – das Foto und die Vorlage geben Positionierungshilfen.

Auf der Hühnerstange

Auf der Hühnerstange braucht man zuerst einmal sein aufgemaltes Gesicht und alle Innenlinien. Die Hühner sind übrigens in einem Stück mit der Stange gearbeitet.
Anschließend benötigen die drei jeweils ihren Kamm, die Hautlappen, den Schnabel und die Beine.
Und – das Fensterbild bitte ganz leise aufhängen, damit der Hühner-Tiefschlaf nicht gestört wird!

Der Herr und seine Damen

Für alle Motive gilt:
Zeichnen Sie die Au[illegible]al-le schwarz markierten Stellen (siehe Vorlagenbogen) auf.

Hühner

Die Hühner erhalten von vorne ihren Kamm, die Hautlappen, den Schnabel, die zweiteilige Schleife und ebenfalls von vorne auch die Beine.

Hahn

Der Herr des Hühnerhofs fragt nach seinem Kamm, den Hautlappen, dem Schnabel und den Beinen. Heute hat er sich mit der schwarzen Weste, auf der die beiden roten Knöpfe leuchten, und einer gepunkteten Schleife festlich gekleidet.

Stellen Sie das Trio auf die vorbereiteten Grünflächen, und der zweiteilige Schmetterling flattert über die Hühnerhof-Idylle.

Heute mit Schleife

Für die Augen und für die Innenlinien der Schleifen ist ein schwarzer Filzstift gefragt. Dann fixieren Sie jeweils den Kamm, den Schnabel, den Hautlappen und die drei bunten Schwanzfedern am Körper.

Nachdem die Hühner sich von vorne auf dem Strohbündel niedergelassen haben, dekorieren Sie es ebenfalls von vorne mit einer Schleife.

Nun brauchen die beiden nur noch ein helles, warmes Fensterplätzchen ...!

GROSS-FAMILIE HUHN

Der Herr des Hühnerhofs präsentiert sich hier stolz mit seinen Hennen und dem frisch geschlüpften Nachwuchs.

Für alle Motive gilt:

Zeichnen Sie jeweils das Auge und alle Innenlinien (siehe Vorlagenbogen) auf.

Hahn

Kleben Sie auf das grüne Körperteil (durchgezogene Linie) folgende Teile nacheinander auf: das gelbe Brust- und das gelbe Schwanzfederteil (gestrichelte Linien), das rote Rückenteil, das blaue Kopfteil sowie das Beinpaar. Nun braucht der stolze Herr des Hühnerhofs noch seinen Kamm, das rote Hautlappenteil und den Schnabel. Eine wahre Farbenpracht …!

Hühner

Auf dem beige-braunen Körperteil werden jeweils der grüne Flügel und das gelbe Kopfteil samt Kamm, Schnabel und Hautlappen fixiert; die roten Schwanzfedern und die Beine müssen Sie von hinten ergänzen.

Küken

Die Küken arbeiten Sie nach der Vorlage von S. 24/25. Nur die Beine und die Flügel werden am Körper etwas anders plaziert. Der Schnabel sitzt übrigens – wie auch die Beine – hinten am Küken.

LEGEHENNEN

Für beide Motive gilt:

Damit die Hennen einen geeigneten Legeplatz erhalten, legen Sie zunächst das Stroh in den vorbereiteten Kasten. Das Federvieh bekommt sein Auge und alle Innenlinien aufgezeichnet.

Auf dem beige-braunen Körper werden nacheinander das blaue, das grüne und das gelbe Federteil ergänzt. Bevor Sie die Eier in das gemütliche Nest legen, positionieren Sie noch den Kamm, den Schnabel und den Hautlappen am Huhn. Und bei solch großen Hühnern werden auch die Eier ganz schön stattlich …!

Eiertransport

Damit die Hühner ihre bunt bemalten Eier zum Osterhasen bringen können, zeichnen Sie zuerst einmal die Augen und alle Innenlinien (siehe Vorlagenbogen) auf. Plazieren Sie das Kopfteil mit dem aufgesetzten Kamm, dem Schnabel und dem Hautlappen sowie den Flügel und das Beinpaar am Körper.

Dann werden von vorne die zweiteiligen Räder an dem mit Eiern voll beladenen Wagen montiert. Legen Sie dem Huhn den gelben Gurt um, mit dem es den Wagen ziehen kann. Und nichts wie los über die bunten Frühlingswiesen hin zu den Osternestern!

Ein Dankeschön vom Osterhasen

Für die Augen und alle Innenlinien benötigen Sie einen schwarzen Filzstift. Dann erhält jedes Huhn, das in einem Stück mit der Hühnerstange gearbeitet wird, seinen Kamm, den Schnabel, den Hautlappen und die Krallen. Die zweiteilige Tulpe wird mit der von vorne aufgesetzten Flügelspitze gehalten.

Ein buntes Gelege

Tja, hier ist das Gelege ganz schön bunt geraten.

Zeichnen Sie alle schwarz markierten Stellen sowie die Innenlinien (siehe Vorlagenbogen) auf.

Dann erhält das Huhn seinen Kamm, die Hautlappen und den Schnabel. Setzen Sie das verdutzte Federvieh aufs Gras, und legen Sie die Eier dazu. Und wie werden wohl die Küken aussehen?

Gerade geschlüpft

Mama und Kind bekommen zuerst einmal die Augen und alle Innenlinien aufgezeichnet.

Mutter Huhn erhält dann von vorn ihren Flügel, den Kamm, den Schnabel und den Hautlappen.
Beim flauschig gelben Küken wird der Flügel von vorn und der Schnabel von hinten ergänzt. Und jetzt wird im Nest ganz feste gekuschelt!

Aufregung im Hühnerhof

Hier ist die helle Aufregung im Hühnerhof ausgebrochen! Damit an Ihrem Fenster so richtig Leben entsteht, benötigen Sie erst einmal einen schwarzen Filzstift, mit dem Sie die Augen und alle Innenlinien aufmalen.

Hühner

Auf dem beige-braunen Körperteil werden folgende Teile nacheinander plaziert: das rote und das blaue Federteil, der grüne Flügel und das gelbe Kopfteil. Der Kamm und der Hautlappen werden ebenfalls von vorn, der Schnabel und der kleine grüne Flügel sowie die Beine werden von hinten ergänzt.

Küken

Bei den Küken fixieren Sie den Schnabel sowie das Beinpaar von hinten, das kleine Flügelteil von vorn.

Künstlerische Fähigkeiten

Mit dem schwarzen Filzstift werden alle Innenlinien und die Augen der beiden Künstler aufgemalt. Jedes Huhn erhält von vorn seinen Kamm, den Schnabel und den Hautlappen; das Bein wird jeweils von hinten ergänzt.

Fügen Sie die vier Pinselteile zusammen, und fixieren Sie den fertigen Pinsel unter dem Flügel, der anschließend auf dem Hühnerkörper ergänzt wird. Bevor Sie das Huhn auf die Grasfläche setzen, auf die bereits ein Farbfleck getropft ist, befestigen Sie das zweiteilige Ei hinter dem Hühnerkörper.

Und hier ist doch wirklich künstlerische Begabung zu erkennen, oder?

Verliehen für die besondere Pflege des Nachwuchses

Bei jedem dieser sehr erfolgreichen Hühner zeichnen Sie die Augen, die Nasenöffnungen und alle anderen Innenlinien (siehe Vorlagenbogen) auf. Positionieren Sie den Kamm, die Hautlappen, den Schnabel und die Beine auf dem Körper. Dann legen Sie den Hühnern das farbige Brustband um und verleihen ihnen den dreiteiligen Orden für herausragende Pflege des Nachwuchses – auch Hühnern tut Anerkennung gut!

Auf zum Markt

Hühner

Für den Weg zum Markt braucht jedes dieser beiden Hühner zuerst einmal sein Auge und alle Innenlinien, die mit einem schwarzen Filzstift aufgemalt werden.
Fixieren Sie anschließend den Kamm, den Schnabel, den Hautlappen, den Flügel und das Beinpaar am Körper. Da es heute ein wenig kühl ist, binden Sie jedem Tier noch ein dreiteiliges Kopftuch um. Fügen Sie den zweiteiligen Korb zusammen, und legen Sie von hinten die selbstproduzierte Ware hinein. Auf zum Markt!

Zaun

Montieren Sie die einzelnen Zaunteile auf die waagerechten Leisten (Maße: 66 cm lang, 6 cm breit). Das Grün wird vor den Zaun geklebt und mit Blüten geschmückt.